TOOLS
Los Angeles
Tokyo

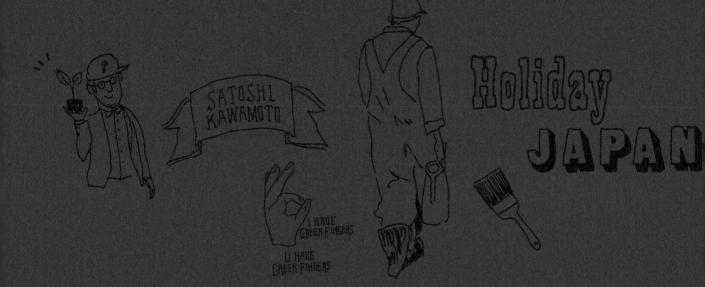

Deco Room with Plants

人氣園藝師打造的
綠意＆野趣交織的創意生活空間

川本 諭
Satoshi Kawamoto

以花草編織自己的世界

一棟日式房屋。一個緣分。多年來的學藝累積。呈現。

這是最近非常熱門的話題，人們喜歡看見另一個人開始走自己的路，
以自己累積的生活品味來打造自己的世界。

任何能形成「一個世界」的元素。無非是從一個微小的事物開始，然
而如沒有開始，就不會慢慢累積成巨大力量。

園藝或是插花都算是一種裝置的藝術，從桌上角落逐漸的延伸到整個
桌面，接著再延伸到室內空間……再來是整個空間的營造。

園藝是利用有生命的植物來創造，理解植物的生命，照顧植物。理解
植物和空間的關係，理解植物和萬物的語言。

於是，我們看到充滿空間語言的川本 諭，所創造的園藝世界，跳脫了
僅是表象中很美麗這樣的形象。更深一層的，能讓所有生活上的小細
節皆能融入自由而有空氣感的園藝營造。

這就是一種深邃而有蘊含的美。

雜貨生活家　米力

植物拼貼的生活景致

城市的景色除了建築、市集、巷弄間的咖啡廳、公園、形形色色的居民、流行、進行到一半的施工工程、雨後路面的積水、隨著時間和人潮移動的路邊攤，以及依附在四處的招牌或指標系統……我們都具有累積起屬於自己生活步調的本能；存在著性格差異後的放置方式，降落於那些未被規劃在畫面中的私密基地裡。

川本 論先生的創作體現了關於某種生活的步調與節奏感，脫離了作品的獨立性，將植物的狀態延伸進日常發生的場景中，隨著時間和使用的樣貌，開始變化，逐漸地、自然地消弭了所有事情的界線，無獨有偶，在充滿著居住氛圍的路邊或住家陽台上，經過時間推疊起的畫面，闡述著屬於這裡的一切，拼貼出協調卻又不刻意的生活景致。

從翻開這本書的第一頁起，細微的觀察力和表現手法，讓停留的每一刻，都豐富了對於生活的想像及可能性。

囍flower　李矗 Joshua

Preface | 序

1997年參與設立東京三宿GLOBE GARDEN至今,已陸續打造出屬於自己的庭園設計風格,具國際視野的設計概念,一一呈現在室內設計或美食等的獨特生活型態上。本書是我的第三本著作,書中以大量圖片廣泛地介紹各種設計類型,希望帶你更深入地了解具有國際觀的設計概念發展。不須照單全收,你只要配合自己的生活型態加入一小部分,就會讓我感到無比欣慰。

我喜歡沒有過度整理的房子,因此,介紹書中實例時也秉持初衷,並沒有進行整頓,書本隨意擺放或放倒花盆,儘量表現出最自然的一面,希望能布置出最舒服的感覺。「屋子裡有點凌亂反而容易營造出輕鬆舒適感!」期盼本書能將這樣的意念具體地傳達給你。

Contents

Home Plants Styling

～綠意盎然的川本家～

身為園藝設計師的川本擁有獨特的國際視野，三番兩次地親手裝修位
於日本東京郊外的獨棟透天平房。經過多年努力所打造而成的空間，
一點也不像是早就蓋好的日式住宅。本單元中他將以園藝設計師的獨
到眼光，提出最符合室內設計的構想外，也將一併為你介紹日常生活
中適合的居家布置。

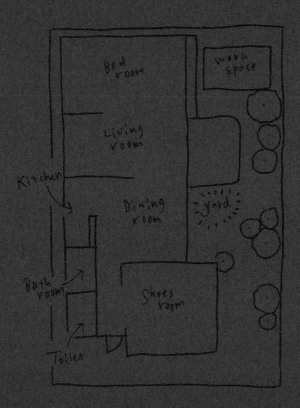

DOOR

進出住宅必經的玄關，以長年累月因日曬而顯得更典雅的紅色大門為
主角，整棟建築漆成灰藍色顯得更沉穩大方。為了營造輕鬆舒適感
和趣味性，圍牆部分砌上表面有線條的水泥磚，且充分考量圍牆與
門扇、牆面的色彩搭配，而精心挑選了橄欖綠。圍牆中央嵌入鋁製
圍欄，加上木箱或舊木料適度隱藏，巧妙地降低日式建築的刻版印
象（P.12上圖）。以色彩鮮豔的花盆為裝飾，免得水泥磚牆顯得太暗
沉，用心搭配出最協調的美感。

"STAR" made by drift wood.

I painted with
blue-gray.

一打開玄關處的門，立即映入眼簾的
是古色古香、印著外文的壁紙。特別
在植物圖鑑的頁面釘上蝴蝶標本形成
視覺焦點。鞋櫃上擺放瓶罐與礦石，
或加上圓頂玻璃罩的乾燥花等心愛的
雜貨擺飾。還豎起樹枝、掛上裝飾品
或讓裝飾用小鳥停在枝頭上，讓布置
更饒富變化。

Wall decoration
"Astier"
I bought in Paris.

The meaning of "S"...

making dried flowers.

sealed with old books & real butterfly.

掛在鏡子上的乾燥花，要吊在通風卻不
會直接曬到陽光處乾燥而成，採用這種
乾燥方式，就能欣賞到乾燥花美麗形
成的過程。以旋轉木馬的零件為框，掛
在走廊上方的牆面上，巧妙構成裝飾重
點。框邊插上乾燥花或中央黏貼明信
片，裝飾手法不同就能營造出不一樣的
風情。

This frame was used in
merry-go-round.

SHOES
ROOM

置鞋間除收納鞋類之外，還可以擺放鞋子保養用品或電鑽等工具，充滿
男士娛樂間的印象。為營造這種感覺，房間裡特別選用顏色較深的植
物，設法營造陽剛帥氣、踏實穩重的氣氛。為避免因深色植物聚集而顯
得太暗沉，可搭配黃色或橘色等顏色鮮亮的花盆，製造出最協調的美
感。以裝紅酒或蔬菜的木箱堆疊構成，固定在牆上的鞋櫃，將房間布置
得更有特色。不使用的冷氣機表面則貼滿撲克牌。

LIVING

客廳是看電視或欣賞DVD影片等休閒時間的場所。以斑葉品
種等色彩亮麗的植物為主，整個房間就會顯得更明亮。一邊
布置一邊加入乾燥素材或漂流木，就能打造出富有個性又趣
味感十足的空間。天花板附近吊掛著人偶，讓人一看到就對
命運的操弄感觸良多。由天花板垂掛而下的穗飾和植物的搭
配性絕佳，建議大量採用。整體氣氛不是由單一要素構成，
都是由各式各樣的元素組合而成，建議你不妨廣泛組合各種
素材，試著挑戰看看。

PENDLETON's cushion
and old military sofa cover.

Marionette from France.

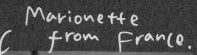

Zorro's "friend".

Zzzz‧‧‧‧‧

Making a
special
lamp
...

" The plants chandelier "

利用已乾燥處理，擁有漂亮顏色的尤加利、黃楊木、鐵線蓮等枝條，完成一個充滿植物氛圍的吊燈。配合室內色彩，加上數種人造多肉植物為重點裝飾。只要一點亮吊燈，光線照射到葉子擴散開來，就能欣賞到不同風情的美妙空間。

Yellow tulips make me feel "spring".

Floating flowers.

The Succulent plant is
easy to care !!

夏季期間擺上一盆水嫩的綠色植物來營
造舒爽感覺，春季時則是以色彩鮮亮的
花卉裝飾，令人感到無比溫暖，空間的
整體氣氛會因植物的印象而大不同，可
盡情地享受各種搭配樂趣。古董皮箱上
放了一大片玻璃就變成書桌，玻璃和皮
箱之間夾入不凋花或風格獨特的卡片，
又是不同的意境。

KITCHEN

明亮陽光輕灑的廚房,是烹調、沖泡咖啡,輕鬆度過美好時光的場
所。在區隔廚房和餐廳的櫥櫃上,配合當時心情,擺放自己最喜歡的
飾物,就能布置出最賞心悅目的樣貌。因為這是一個挑高的場所,因
此利用垂吊性植物營造立體感的效果最好。掛在廚房和餐廳隔間牆上
的SOIL是泥土的意思,隨時提醒自己牢記「以土為本」的信念。

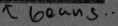

← beans...

cookie cutters
on the mirror frame.

將散發清新香味的花朵,或修剪下來的多肉植物插入瓶罐裡,擺在架子上。玻璃瓶罐裝入豆子或果實,將瓶子並排在一起就是最亮眼的擺設。傍晚時分點亮蠟燭,就可以在這空間好好地放鬆休息了。

Why don't you light up a candle!?
It's nice…

DINING ROOM

餐廳為用餐或用於開會討論的空間，是人員出入最頻繁的場所。沿著牆上漂亮圖案的鋼板牆面，架上一個鋁梯當架子；擺上古董水壺或獨特造型花器，還有從法國跳蚤市場買回來的花盆，可自然地匯集強綠焦點的盆栽。木製工具裡放入幾株花苗，就能輕易地構成組合式盆栽，建議你不妨試試看。天花板附近的牆面上也排著慢慢收集而來的Astier de Villatte的盤子裝飾和古董時鐘。

Right side
is my yard.

It's my "TREASURE"
drawn by Astier's designer
just for me.

dried flowers
and old vase

tututu...

DEN

coral.

Tool box is useful.

GARDEN

傍晚時分點亮電燈後，就會因為植物的葉子或照
明設備的形狀而產生影子，營造出神祕夢幻的感
覺。柔美的燈光與蠟燭的光影交織在一起，整個
空間都讓人印象深刻。餐廳也是作報告或思考設
計文案的場所，因此特別挑選了猿戀葦或鹿角蕨
等外型亮麗又極具有特色的植物。猿戀葦裝入古
色古香的工業風盆器中裝飾。

YARD

庭院不是一天就能完成的。因為植物有生命，必須在庭院裡才能成長。我感興趣的是，人們如何面對生生不息，隨時都會展現出全新樣貌的大自然變化。這座庭院也是反覆地從錯誤中學習，才呈現出目前的景象。二年來始終如一地加以照顧整理，才終於完成這個可以讓自己過得更舒適自在的庭院。

↖ work space

old keys
and holy medailles.

I like the color of "AUTUMN". beautiful

pots and bricks ...

"KOKURYU" is my favorite.

"Green" "Fingers"

充分考量各種素材的適當用量，才可能打造
出一個舒適、放鬆心情的庭院。假使連自己
無法掌控的部分都插手整理，不管庭院打造
得多好，都有可能無法再繼續享受拈花惹草
的樂趣。打造庭園通道時，若想一口氣完
成，很可能演變成龐大的工程或出現施工過
度等情形，為避免出現這類情況，建議發現
時就少量多次地添加不同的素材，懷著拼圖
的感覺逐次完成，這麼作既可避免造成自己
的負擔，又可表現出最自然的感覺。

BEDROOM

臥室是睡覺休息的場所，所以布置得非常簡單，並未擺放
太多植物，只有床頭附近擺放葉片顏色亮麗的植物。為了
避免物品掉落時砸到植物，因此並不直接擺在地板上，而
是稍微高一點，擺在人躺在床上時能欣賞到的高度。擺放
植物時若能加設一小薰燈，既能讓葉子照到光線，又能營
造出更柔和溫馨的感覺。躺在臥室中央的古董床上，仰望
著懸掛在頭頂的色彩繽紛的三角旗，心情一定會變得格外
輕鬆愉快。

BATHROOM

早上起來盥洗準備，簡單打理服裝儀容的浴室，漆成摩卡色的牆面和水藍色瓷磚，是我最喜歡的搭配。窗邊的小空間擺放陶製的小車子或青蛙玩具，充滿了趣味性。建議擺放蕨類等喜歡潮濕環境的植物，配合植物特性採用吊掛方式亦可。陽光射入浴室中有助於植物生長，浴室有窗戶的人家不妨挑戰看看。

I picked up beach glasses....

colored by "mocha" and pastel tiles.

star fish.

Antique keys
and bottles.

TOILET

以顏色沉穩大方的畫框，裝飾漆成義大利藍色的
洗手間牆面。牆上掛著數個畫框，中間的框裝上
鏡子，是我挑戰蝕刻加工時完成的作品，充滿了
美好回憶，所以掛在踏入洗手間時立即映入眼簾
的位置。鏡子上以乾燥的尤加利枝條增添氣勢。
尤加利是容易乾燥且香氣宜人的植物，亦可綁成
小束掛起來。

Home Renovation
室內改裝

House

大約三年前，我入住了這間屋子，當初是因工作上認識的朋友主動提議而結緣。這棟房子原本是該位朋友的生活居處，因為對方要離開而直接提出「這棟建築既有庭院，又能隨你自由裝修，我覺得滿適合你的，要不要考慮看看呀？」的建議。事實上，直到對方第二次提議，才開始考慮是否入住，因為對方第一次提議時，距離必須搬離原來住處還有一段時間，所以不得不放棄。後來因為開始尋找下一個住處時，這棟房子剛好空出來了，所以很快就決定住進來。

House
日本的建築物通常不能擅自裝修，因此，當時與其說是看上這棟建築的外觀，不如說是被能夠自由裝修這一點所吸引。上一個住處也是平房，房子雖然老舊，但因房東就住在隔壁，所以整理得還算雅致。說實話，這棟建築實在太老舊，決定入住之初曾經猶豫過。但或許是自己從頭開始裝修過的關係，漸漸地對這棟建物產生了情感，現在想來，能夠住進這房子真的很幸運呢！

Room

Yard

Room

因為這棟古色古香、充滿日式住宅風情的建築物的地板全面鋪上榻榻米,所以決定先從地板部分開始改裝起。鋪榻榻米確實展現濃厚日本風味,但因為我比較喜歡頹廢自然的室內裝潢,所以認為改成木地板應該比較適合。其他棘手問題是,必須利用銼刀等工具刮掉沙牆之類的作業。儘管改裝過程很辛苦,還是決定儘量自己動手作,一步步地完成裝修作業。

Yard

庭院裡原本設置了石燈籠與許多巨大雅石,目前依然存在,但都巧妙地隱藏起來了。話雖如此,當初還是無法完全捨棄身為日本人喜愛的侘寂之美,因為希望將物件完全融入設計中,才能裝修得更完美,而感到猶豫不決,還好過程中經常讓我裝修得不亦樂乎。希望在庭院裡栽種植物的人,建議你多方嘗試,再慢慢地加上適合該環境的植物。植物要帶回家種過後才知道適不適合該處,因此就先試著種種看吧!

Floor

Painting

Floor
榻榻米上先鋪上一層合板，再以木條固定住，並沒有委託
業者改裝，完全由朋友或團隊成員幫忙完成。原本認為貼
舊木料的感覺比較好，但因成本考量而買了全新的木板，
再經過塗上油性著色劑或蝕刻加工處理後依序固定。如果
你希望營造出個性工作室氛圍，建議讓油漆往下滴或透過
布料漆上稀釋過的油漆，會更加有韻味。

Painting
因為熱愛色彩搭配，所以覺得刷油漆是一件非常快樂的事
情！將牆面或家具漆上自己最愛的顏色，這種作法在日本
並不普遍，在歐洲等國家則很常見，使用的家具都經過多
次反覆地上色，經久使用後露出底下的油漆時，那種時間
刻劃出來的自然風情很迷人。當初希望這棟建築的顏色能
儘量簡單素雅一點，所以將廚房漆成白色，客廳漆成米白
色，臥室漆成薄荷綠，洗手間和浴室則作出最有特色的色
彩搭配。

Plants & Interior Coordinate

～綠意盎然的創意布置～

不知道哪些植物比較適合自己的房間？不知道怎麼搭配比較好？本單元中將針對有這方面困擾的你，提出具有創意的布置構想。只要採用其中一小部分，就能觸發你的靈感，大幅拓展你的室內設計結合植物的世界觀。

Stepladder Coordinate 1

鋁梯應用 1

運用白・米白・灰色的漸層效果，
布置成充滿自然意趣的空間

此布置方式推薦給喜愛亞麻或有機棉等天然素材風味的你。加上
斑葉、具垂吊性或葉緣呈鋸齒狀等各種形狀與特色的植物後，即
便不以花卉點綴，還是能增添華麗感，再加上白、米白或灰色等
色彩，即可作出充滿整體感的布置。建議你不妨以白色蠟燭、瓷
磚、繞上白鐵的陶土花盆、乾燥花等，廣泛運用各種素材，以營
造漸層效果般的想法完成色彩搭配。但若直接採用上述搭配方式
可能會過於平淡，因此加上薄荷綠瓷磚，或增加一面框著古董瓷
磚外框、顏色典雅大方的鏡子作為重點裝飾，以營造畫龍點睛效
果。

如果你喜歡可愛氛圍，換上葉子為萊姆色或葉面上有白斑的植
物，就能改變整體印象；若是喜歡沉穩氛圍，加入葉子顏色較深
的植物，就能布置得中規中矩。

Plants & Interior Coordinate

51

Stepladder Coordinate 2

鋁梯應用 2

採用普普風的色彩搭配方式
以個性化的植物展現世界觀

實例二和實例一的布置方式正好相反,大膽採用充滿普普風情的
花盆,廣泛運用各種色彩,以趣味性十足的色彩搭配為重點。這
種色彩繽紛的搭配方式最適合用於妝點簡單素雅的室內裝潢。搭
配葉片顏色為深綠色或略帶咖啡色的植物等,即可布置成充滿古
典氣息的空間。使用葉片色彩亮麗的植物則可搭配出甜美可愛印
象,加上多肉或空氣鳳梨,便是個性十足的模樣了。

Plants & Interior Coordinate

葉片小巧的植物·可搭配形狀不同的植物來增添氣勢

特徵為葉片小巧可愛的福祿桐，因為顏色頗為亮麗，所以搭配其他植物時，特別挑選斑葉等顏色較淺的植物，構成整體相當亮眼的布置。葉片小巧的植物相互搭配時很難營造氣勢，因此建議廣泛運用葉片渾圓或細長等各種形狀的植物。

Corner Coordinate 2 | 角落布置 2

碩大的葉片‧配上個性十足的植物依然能搭配出最協調的美感

屋裡只擺放一盆已經長大的長壽花就顯得氣勢十足。搭配相同特性的多肉觀葉植物，就自然地構築出整體美感。其次，長壽花葉面有絨毛，形狀為頗具個性的波浪狀。採用這類植物時，即便搭上同樣具有特色的植物，依然可展現出協調的美感。

Plants & Interior Coordinate

Corner Coordinate 3 | 角落布置 3

Plants & Interior Coordinate

使彎曲的枝條看起來筆直挺立的布置巧思

因彎曲的枝條和下垂的葉片，而令人印象深刻的瓶幹樹。坐在椅子上仰望瓶幹樹，彎彎曲曲的葉片，就像在頭頂上撐開一把傘似地伸展開來，享受到置身於空間中的舒適感。運用組合式盆栽技巧，在瓶幹樹等樹形簡潔少分枝的觀葉植物底下，栽種其他種類的植物，既可增添華麗感，又能突顯出瓶幹樹枝條的形態特徵。

Corner Coordinate 4 | 角落布置 4

採吊掛方式時，由上往下配置以便布置得更流暢

活用垂吊性植物，不擺放大型觀葉植物，輕輕鬆鬆就完成角落的布置。利用固定在上層的青柳，或中層的矮凳上也擺放垂吊性植物，就形成非常漂亮的線條，色彩上也因此改變，讓角落更加活潑生動。吊盆上可利用遮蔽膠帶貼上標籤或自己喜歡的卡片，亦可纏繞布料後以麻繩綁住。

57

Wall Coordinate　｜　牆面布置

1

2

5

6

空出來之處加上置物袋，就像掛上了漂亮壁飾

空出來的牆面加上置物袋，就好像掛上漂亮壁飾一般。圖1：不擺放任何東西也很可愛。圖2：擺放有點個性的花朵盆栽。圖3：擺放多肉植物，營造出陽剛帥氣的形象。圖4：插入幾種乾燥花而顯得古意盎然。圖5：加入犄角狀植物後，好好地欣賞吧！圖6：將切花插入小瓶子裡，放入袋中打造生動活潑的氛圍。圖7：隨意擺放一個蘑菇造型的裝飾品。圖8：放入造型玩偶。房間裡的氣氛會因置物袋裡的物品而有所變化，還可依照自己的心情或季節，變換不同的布置方式。

3

4

7

8

Bathroom Coordinate | 浴室布置

1

2

試著調節植物的分量，以改變整體印象

植物擺在相同的地方，只是調節一下分量，整體氛圍就變得很不一樣。採用毬蘭、串錢藤，連種在玻璃瓶裡可以看見根部的合果芋，都可以試著拿來布置看看！完成圖1的狀態後，只加上分量十足的蕨類盆栽，整體印象就像圖2般大為改觀。建議你不妨依照自己的心情或喜好，增減植物，打造出充滿個人風格的空間。

FATIGUE UNIFORM

關於工作服

享受園藝樂趣時，絕對不可或缺的工作服或工具。從悠久的品牌到二手古著，除了外觀也很重視機能性。有時候一發現喜歡的商品，就會馬上買回家。穿上工作服後會覺得自己特別有型，工作時心情也就特別好。從這句話中就能感受到川本諭對工作服的講究程度。

SHOPCOAT

工作大衣

工作大衣不只工作時可以穿，初春時節也會當作流行服飾搭配。通常都是逛二手衣店時，發現了自己喜歡的造型、褪色狀態絕佳，或顏色很罕見的商品，就會情不自禁地買下來了。

目前擁有的工作服幾乎都是古著，都是在逛古著店時挖到的寶。通常憑直覺，看到顏色或造型後，若有觸電的感覺，就會很想擁有。

之所以喜歡工作服，是因為造型上都會反映出代表各個國家的圖案，從衣服上就能欣賞到不同的風格，所以，基本上都是到古著店尋找自己最喜歡的衣服。不只喜歡工作時穿，也喜歡當成休閒服穿，工作服的活動方便性、素材感與設計風格都很獨特，因此非常好穿搭。

挑選工作服時著重耐穿及便利等機能性，因此只要聽到早就關注的老店商品，對於品牌的講究或歷史，乃至於開發商品的故事，都會使我的關心程度大大提昇。

工作大衣、襯衫、吊帶工作褲、鞋子等，在琳琅滿目、款式眾多的工作服中，除了著重於機能性或流行性之外，我也在意流行素材感、歷史、風格等，非常講究。此外，使用標準規格的工具或靴子時，工作情緒就特別高昂，只是擺著就極具風格，當作擺飾也很有格調。就這一點來看，今後這方面的收藏應該也會不斷地增加吧！

GARDEN BOOTS

園藝靴

因為很喜歡而經常穿著的是綁帶式園藝靴。因廠牌不同，有各種素材或顏色的工作靴可供挑選，建議你也幫自己買一雙合腳的園藝靴。

APRON
工作圍裙

二手衣店很難買到尺寸正好的工作圍
裙，因此我在自己的店裡，利用舊亞
麻布製作。作出品味絕佳的圍裙後，
搭配外套就可以當作外出服，感覺也
很有個性。

Party
Plants
Styling

～以植物精心布置，營造賓主盡歡的家庭聚會氣氛～

邀請三五好友、戀人、工作伙伴或家人們到家裡來作客時，可
以試著運用植物布置玄關或餐桌。懷著輕鬆招待客人的心情，
布置出雅緻舒適的空間，再配合餐具或家具，以植物別具巧思
地布置，就能營造出賓主盡歡的氛圍。

ENTRANCE DECORATION 入口

為了讓第一次來訪的客人，迅速地找到地點，可利用旗子或擺
飾，將大門口布置得更醒目。以紙花球為裝飾、垂掛布料或以
麻繩綁綁乾燥花後掛起來，就能將大門口妝點得更富趣味。不
妨配合居家風格或聚會主題改變布置，提供客人一個清楚指引
的目標。

PATTERN 1

由丹寧布、迷彩圖案、斜紋棉布
等布料構成的三角旗，不須作的
太可愛，稍微加入一點粗獷的感
覺，就能營造出沉穩大方的印
象。相對地加上顏色較淺的植
物，整體就會顯得比較明亮。以
乾燥花裝飾大門兩旁，以免普普
風味道太濃厚。

PATTERN 2

玄關掛上色彩繽紛的紙花球，就
充滿了普普風，令人印象深刻。
將色彩鮮豔、造型可愛的盆花擺
在最顯眼的位置，立刻增加了豐
富度。讓客人穿過紙花球後走進
屋裡，是充滿趣味的演出。

DOOR
玄關

推開門扉時，決定第一印象的就是玄關處的布置了。該用鮮豔的、沉穩大方的？還是比較有特色的小物呢？以下將介紹三款分別使用鮮花、乾燥花、雜貨的提案，對聚會的印象有絕對影響力的布置方式。

nice plant is in your place

PARTY PLANTS STYLING

PATTERN 1

以生花來裝飾，沒有特別加入色彩鮮豔的花卉，而是以野花般顏色低調可愛的花朵、多肉植物、蔬菜等綠色植物構成，再以顏色明亮的花盆增添色彩。因為舉辦的是家庭聚會，所以不必過度修飾，配合自己的居家裝潢挑選適合的布置方式，就可以打造輕鬆愉快的氣氛。

運用乾燥的滿天星、繡球花或尤加利等
植物，再加上果實素材，作出更完整的
搭配。色彩沉穩大方，因充滿典雅風情
而令人印象深刻。沒時間換水照顧的
人，不妨試著挑戰乾燥花作品，亦可加
上不凋花以搭配出普普風格。

PATTERN

2

沒有大量的鮮花或乾燥花也沒關係，放上
小小的花束或雜貨，就能完成非常有特色
的角落。利用經常擺在玄關處的雜貨、造
型奇特的小物等，精心設計出趣味性十足
的主題，就能更自由自在地創造出更多不
同的可能。

PATTERN

3

With a small bouquet

完成玄關的裝飾後，接著進行餐桌的空間
呈現。將食物端到桌上，分別裝盤後，就
只剩下迎接客人的工作了。布置方式會因
舉辦聚會的時間、招待的對象、餐點種類
或餐具風格而大不相同。

HOLIDAY PARTY

假日的聚會

對象為親密好友的輕鬆聚餐，因為在準備過程中肚子就有點餓了，腦子裡就突然浮現可以先將蔬菜沙拉等簡單菜餚端上桌的景象，而完成了這樣的場景。挑選色彩甜美可愛的餐具，裝上瓷磚作成的鏡框，讓掛在牆上的鏡子也有特別的色彩組合呈現，希望能配合餐具搭配出最協調的美感。桌旁擺放葉片顏色較淺的秋海棠，令人留下清爽明亮感的聚餐風格就完成了。

" Spinach and beans salad "

making a flower decoration.

use old bottles.

布置時的最大重點是以小瓶子插上花當擺飾。將小瓶子放在桌子的正中央，依序插入植物，但避免插入太多，就可以輕鬆完成主餐桌的裝飾。插好後既可一瓶瓶地移動位置，又可調整擺放的距離感，是非常便利的創意構想。此外，想移動到客廳等其他房間時，可一次拿著好幾個瓶子，輕易就能改變布置方式。插上庭院或陽台摘的野花、香草也非常優雅美觀，重點則是避免過度裝飾。

這次原本想以色彩淡雅的盤子盛裝蔬菜沙拉，為了配合餐具，花朵部分挑選顏色沉穩的中間色。必須留意的是原色的彼此搭配，而以顏色較深的原色花卉搭配原色餐具時，容易造成衝突感，建議降低其中一部分的色彩，好讓整體顏色顯得協調。

EVENING PARTY

傍晚的聚會

傍晚時分，三五好友聚在一起，快快樂樂地聊聊天，然後團團圍坐在桌前，一起享受美好的晚餐時光，懷著這種心情完成了布置工作。桌面裝飾得猶如茂密森林中的餐桌，選用的是一直很喜歡的知名品牌餐具，都是琺瑯材質或厚陶器，溫潤質感中可隱約感覺到一抹陽剛味或泥土的氣息。特別挑選一盆葉色較深的植物擺在桌旁，營造沉穩溫馨的氛圍。

" Grilled chicken with potato and harbs."

Colorful succurents on the tray.

此主題是以多肉植物為布置的主要素材。將植物連同泥土一起放在銀色的托盤裡，如組合式盆栽一般地搭配植物。露出泥土，將植物依序放入托盤裡，不須放得太整齊，打造出自然的氛圍。不妨試著將多肉植物的葉片展開成漂亮形狀，直接擺在桌面上，好好地欣賞一下葉片姿態之美。其次，擺放植物後，若覺得桌面上太空曠或感到意猶未盡時，可擺放漂流木取代其他小物，更容易填補空間。最後，將色彩沉穩大方的毯子等披掛在椅背上，整個餐廳自然就會顯得更協調統一。

put "Emblems"
on the wall.

挑選長條狀的雜貨，擺在桌上當裝飾。不是擺放
用餐時使用的餐具，而是隨意擺放裝設在分叉樹
枝上的刀叉雜貨，布置得更獨特有個性，更容易
營造出個人風格。利用質感溫暖的餐具或整體色
彩搭配等，讓餐桌四周的氣氛更加溫馨，壁飾部
分則相對採用充滿普普風情的色彩，即可讓整個
空間更協調。可隨意黏貼色彩亮麗的徽章，將白
色牆面點綴得更色彩繽紛，即可分散視線，營造
出不同風格的氛圍。

DINNER PARTY

晚餐聚會

想像著坐在椅子上悠閒聊天的景象，打造出這個場景。與其說適合與好友分享，不如說更適宜與戀人或家人們一起享用精心烹調的美食，好好地享受悠閒美好的時光。花材與果實在乾燥過後，加上黑熊剪影圖案的蠟燭與香菇狀的小物，搭配垂掛在半空中的花飾，納入許多甜美可愛又有趣的元素，完成最基本的用餐布置。

"Ratatouille"

paper flowers
and
the bird of
stained glass.

裝飾在牆面上的鑲嵌玻璃小鳥，像在吸食掛在面前的墨西哥花飾上的花蜜（P.81）。將形狀或顏色非常古典的羅馬花椰菜或紫色高麗菜等蔬菜當作擺件，直接用於布置桌面，完成一個色彩低調卻不失意趣，令人賞心悅目的空間。

使用餐具以白色為基調，造型簡單素雅。充分考量周圍的色彩運用，利用餐具的白與擺在桌旁的葉色明亮植物，裝飾出清新脫俗的氛圍。

WINE & CHEESE PARTY

紅酒＆起司餐會

在燦爛的陽光下，大家飲酒作樂。點上蠟燭後，馬上變身為適合與戀人獨處的空間。以紅酒和起司為主題，設想以傍晚至深夜為主要時段，因此適時地加入古典元素以配合燭光，巧妙地營造出懷舊氛圍。準備一些還掛在枝條上的葡萄乾或造型奇特的起司等，就能醞釀出別於平常的特別空氣感。

Many kinds of cheese and dried fruit.

Go well with "WINE"

Took away from the wall. put on the table!!

隨意擺放橄欖木材質的砧板、錢幣、鐵製花朵藝術品、Astier de Villatte的枝條擺件、插著色彩繽紛不凋花的燭台、美國加州的藝術家所製作的玻璃瓶等藝術創作。

彙整成古典風格後，連雜貨都充滿著協調美感。其次，印象中畫框應該是掛在牆上的裝飾，但若將畫框平放在桌面上，再以乾燥花、士兵人偶，以及精緻的花葉裝飾，就能變成氣氛絕佳的擺飾。布置牆面時以盤狀、古典胸章等為主，希望能構成漂亮的剪影，呈現出復古的氛圍。

SENSITIVITY IS POLISHED

可以獲得刺激的物品＆場所

川本諭親手打造的Green fingers裡陳列的雜貨或裝飾品，都是他自己收集、採購的。能夠挑選出那麼多人氣商品，完全是靠旅居海外時累積的品味，那段時間他是怎麼度過的呢？有哪些感想與收穫？以下將透過他本人拍攝或朋友提供的許多照片，一窺其靈感來源。

對我而言，國外是一個有別於日本，能夠給我不同刺激的地方。我曾多次為了採購而前往美國西海岸。這回是自己開車，觸角延伸到舊金山等地，是一趟收穫豐碩，有許多嶄新發現的旅程。除了採購之外，其他時間則是安排參訪行程，或試著查查想去的店家後，單槍匹馬前去造訪。從照片中就能看出，造訪麵包店、理髮店、二手衣店等處時，經常因為一些不經意的擺設而震撼不已，走在路上滿腦子想著「這種創意構想說不定哪一天可以應用在別地方」。

每回必定造訪的是風格符合自己需求的地區、長堤或
Pasadena的Rose Bowl等地的大型跳蚤市場。一些未曾去過
的地方也會想去看看,因此觸角也延伸到朋友們提供資訊或
網路上搜尋到的店家。甚至因為當地認識的朋友介紹而加深
交流,拓展了眼界。因為我的視野還不夠寬廣,因此很想到
處看看以增廣見聞,至於會在什麼地方碰到什麼事情我無法
預知,只是非常積極地從中尋求可能性。

SENSITIVITY is POLISHED

出國的最大收穫是什麼呢？採購部分每次都大豐收，除了商品之外，一看到修理廠工人身上的工作服就覺得很時髦，理髮店裡擺設的工具也覺得很有個性，看到牆面上斑駁的油漆顏色感到絕妙無比，最大收穫大概就是這些感覺吧！天空的顏色或空氣的感覺也不一樣，但率先映入眼簾的是顏色或設計。經常因為一家不起眼的小店裝潢而動心，覺得咖啡店的盛盤方式很優雅，我一直都很在意這些小細節。

CONTENTS

IV

Reception Plants Styling

～觀察店家陳設，學習植物創意構想～

本單元中將配合川本流的國際觀，挑選了三家非常有特色的精品店
或寵物美容中心，並利用陳列的商品或雜貨進行布置，將獨特品味
運用在設計上，為店鋪開拓出全新的樣貌。隨處可見適合居家採用
的創意構想，可從中找出喜歡的點子後當作參考。

Before

店內充滿著各種色彩，單單就牆面上的壁畫或櫥櫃上的瓷磚圖案，就顯得華麗無比，特意將這個空間布置成以植物為主，完全沒有使用花苗，只加入有斑紋的葉片或銀色葉片之類的植物，發揮巧思，以葉面上的圖案或形狀營造氣勢。

OPTRICO

東京都港区北青山3-12-12 HOLON-R 1F
TEL 03-6805-0392
URL http://www.optrico.com

OPTRICO是一家以旅行為主題，經營MARCOMONDE襪類品牌的店家。以架空國度為主要概念，販賣風格獨特的服飾等國內外精品、室內裝潢雜貨等。位於櫃台後方，掛著壁毯的牆面、民俗風馬賽克、拱門，處處充滿了老闆絕佳品味，絕對值得一看。

將鞋刷與多肉植物一起裝入銀色鞋盒裡。將植物放進鞋子裡，好像從鞋中長出植物的樣子很有趣。以有圖案的布料搭配斑葉植物也很有創意。

將風格獨特的MARCOMONDE襪子排放在花盆外側並固定住，彷彿套上漂亮的花盆罩子。

以蠟燭圍繞花盆增添裝飾。葉片從上方或空隙間探出頭來，顯得特別可愛。使用刻上漂亮圖案的蠟燭，或利用古董水壺等色彩低調的物品，更能突顯出明顯綠意的植物之美。

瓷磚拼貼的顏色非常漂亮，因此要避免破壞協調美感或造成衝突感。搭配鳳梨番石榴或銀色的茉莉等植物，呈現出微妙差異的樹木營造出立體感，設法融入馬賽克的顏色中以構成漸層效果。雖然植物數量很多，卻不會造成壓迫感。

和瓷磚相同色系的大盆子裡，放入常春藤等多種植物，只有觀葉植物的角落，依舊顯得華麗大方。

瓷磚、鐵、木頭材質的古董框、紳士草帽、古董藥罐等，隨處擺放不同材質的物品，既充滿協調美感，又成為凝聚視線的焦點，是非常有氣勢的搭配方式。

希望擁有亮銀色葉片的茱萸高度可頂到天花板，其果實顏色與垂在地板上的常春藤，巧妙地構成漸層效果，滿滿地放入鐵盆裡的紅紫色是以此概念所完成的。希望打造整體感十足的空間時，以區塊為單位，隨處加入同色系素材，效果就會很顯著。

DogMan-ia

愛犬Zorro每個月都會造訪的寵物美容中心。以大麥町犬圖案、充滿普普風情的外觀而令人印象深刻的店鋪，店內使用色彩濃厚的植物與多肉植物，展現個性之美。使用葉片大小、形狀、種類各不相同的植物，再搭配生鏽的雜貨與家具，成功地打造出粗獷的男性設計風格。

Before

以具有特色的斑葉，或分量十足如水晶燈的植物布置店內，將這些極有存在感的植物吊掛起來，即可成功營造出非凡氣勢。另外有的狗有其品種產地，為了突顯這層意義而擺放了地球儀，也成了布置重點之一。

古董水桶裡栽種多肉植物，構成組合式盆栽，噴水壺中插入漂流木，巧妙拿捏雜貨和植物的搭配比例，就能使空間設計更加多元。並利用老舊瓶罐，插入漂流木或多肉植物，就能完成特殊的擺設。擺設的方法會因搭配的元素而有不同，不妨試著依個人喜好變換內容，盡情地享受布置的樂趣。

THE M.B

東京都渋谷区上原2-43-6 biena okubo 1F
TEL & FAX 03-3466-0138
URL http://www.the-mb.net/

THE M.B以法式美國風的概念，販售傳統服飾、設計師品牌、古董
二手衣等特色精品，為顧客提供風格獨特的搭配建議。因為布置地
點位於女士精品區外側，所以希望以花卉等素材增添可愛的感覺，
但又必須謹慎拿捏，以免整體設計顯得太女孩子氣。

Before

以紳士為主題的白色櫥櫃，重點為豎起書本擺
在花盆前，看起來就像套盆般的創意構想。領
帶與領結也都像植物一樣，採用縱向垂掛方
式。以Lady為主題的衣櫃上並排植物和商品，
再搭配色彩明亮的粉紅色系，最後以土耳其藍
和黑色營造整體感。

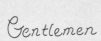

Gentlemen

Ladies

為了透過櫥窗展示女性服飾與配
件，大量使用畫框，運用原本就
在店裡的煙囪罩，加入幾個星星
圖案的裝飾品，以雜貨營造可愛
印象。加入具垂吊或攀爬特性的
植物，展現線條之美和立體感，
並可巧妙地藏起花盆。

ART WORK

作品創作

川本諭所認為的藝術創作是有點不拘小節,能充分表現自己的國際觀之作。有別於接受委託後布置的空間,創作則以不同的表現方式來完成。以下就讓我們鎖定其中最受矚目的部分吧!

The art of bonsai

懷著「在無人去過的森林研究室中完成的作品」的念頭來創作。空間裡的盆栽是越來越受歡迎的商品,連外國人都稱之為bonsai。懷著獨特的世界觀,以自己的想法搭配而成。利用不凋花或乾燥花等彷彿讓時間停下腳步的素材,再加上自己收集的古董,打造一個色彩前所未見的小小世界。今年希望能以The art of bonsai為主軸,向國外發表充滿自我意識創作的作品。

Garden Party Lamp

因為風格獨特的照明設備得之不易，所以製作了加上乾燥花與不凋花的獨特燈具，也使用緞帶、徽章、布料、羽毛、古書等配飾，表現出略具個性且足以觸動人心的整體感。運用Astier de Villatte和John Derian Company的商品，加入枝幹樹葉，想像如同森林裡的景象，包括內部裝潢在內，完成由天花板往下延伸的布置作業。這是一項適合打造綠意與藝術生活的嶄新創作手法。

FORQUE

ART WORK

「對於服飾或居住環境講究的人很多，舉辦獨特風格婚禮的人卻很少見。」當初因為這樣的想法而設立婚禮顧問平台。堅持使用不凋花或乾燥花等天然植物素材，也製作配件、插花作品或裝飾小物等，持續地為顧客提供嶄新的婚禮設計服務。

Goods Design

ART WORK

平常從事立體空間設計的提案，對於能以平面表現的手機套等數位內容產業，投注相當大的心力，希望能因此找到發展方向，更進一步地拓展Green Fingers的國際視野，積極為顧客提供風格獨特、著重植物素材運用的設計構想。

Green Fingers Profile

～關於Green Fingers～

本單元中除作者介紹之外，也將一併為你介紹開在日本東京都內的四
家店鋪。同時也將展示遠從國外採購而來，以獨到眼光收集的植物、
雜貨、家具等。光是欣賞就令人覺得賞心悅目，一想到擺放在房間後
產生的變化，一定會有前所未有的嶄新發現。建議你不妨抽空到喜歡
的店面逛逛。

Profile

川本 諭 / Green Fingers

活躍中的園藝設計師，利用植物天然之美與獨特變化，提供最獨到、具吸引力的設計構想。發揮統御領導專長，於日本東京都內開設四家店鋪，積極參與雜誌的連載，並於店內舉辦Workshop，提供百貨店面的空間設計服務。除了運用植物素材之外，也廣泛地以不同領域的設計者身分參與活動。同時也透過親自領導的FORQUE婚禮顧問平台，提供不凋花或乾燥花等天然植物素材的裝飾品、整體布置、空間裝飾等建議。近年來更以獨到的觀點，舉辦表現植物美感的個展，積極開拓豐富植物與人類關係的場域。

Green Fingers

———

Green Fingers總店位於日本東京三軒茶屋的幽靜住宅區內，是一家包含古董家具、雜貨、裝飾品與植物販售服務的特色店，也陳列了其他分店難得一見的罕見植物。店面占地寬敞，一踏入店內彷彿進入祕密基地，連高高的牆上都陳列著商品，令人流連忘返。建議你不妨懷抱著尋寶的心情前去逛逛。

東京都世田谷区三軒茶屋1-13-5 1F
TEL 03-6450-9541
OPEN 12:00～20:00

GFyard daikanyama

GFyard的商品是以室外欣賞的樹木與
花苗為主,其他品項有花盆或園藝雜貨
等,店裡還可欣賞到Green Fingers的
示範庭園,最適合進行庭園造景時,想
加入重點陳設的人參考。店裡也陳列罕
見或色彩亮麗的植物。

東京都渋谷区猿楽町14-13
mercury design inc. 1F
TEL 03-6416-9786
OPEN 12:00〜20:00(視季節而變動)

Botanical GF

Botanical GF位於距離東京都中心不遠處的衛星
城市二子玉川的商業設施內,主要商品為室內植
栽,商品齊全,包括罕見種類與各種尺寸大小。
備有風格獨特且漆上各種色彩的花盆,可配合植
物作出最完美的搭配。

東京都世田谷区玉川2-21-1 二子玉川rise SC 2F
Village de Biotop Adam et Ropé
TEL 03-5716-1975
OPEN 10:00〜21:00

KNOCK by GREEN FINGERS

從大型家具到雜貨、布料,商品一應俱全,設
於室內裝潢店家林立的商場入口處,只要前往
KNOCK by GREEN FINGERS逛逛,就能親身感
受融入室內裝潢的植物陳設方法或創意構想。店
裡還準備了許多極具特色、充滿男性風格的觀葉
植物。

東京都港区北青山2-12-28 1F ACTUS AOYAMA
TEL 03-5771-3591
OPEN 11:00〜20:00

GARDEN
WAS
NOT BUILT
IN A
DAY

國家圖書館出版品預行編目(CIP)資料

Deco Room with Plants・人氣園藝師打造の綠意 &
野趣交織の創意生活空間／川本諭著. -- 初版. -- 新
北市：噴泉文化館, 2013.12
　　面；　公分. --（自然綠生活；03）
ISBN 978-986-89091-9-9(平裝)

1. 家庭佈置 2. 室內設計 3. 園藝學

422
102021642

www. greenfingers . jp

自然綠生活 03

Deco Room with Plants・
人氣園藝師打造の綠意&野趣交織の創意生活空間

作　　者／川本諭
譯　　者／林麗秀
發 行 人／詹慶和
總 編 輯／蔡麗玲
執行編輯／劉蕙寧
特約編輯／甘芝萁
編　　輯／林昱彤・蔡毓玲・詹凱雲・黃璟安・陳姿伶
特約美編／鯨魚工作室
美術編輯／陳麗娜・李盈儀・周盈汝
出 版 者／噴泉文化館
發 行 者／悅智文化事業有限公司
郵政劃撥帳號／19452608
戶　　名／悅智文化事業有限公司
地　　址／新北市板橋區板新路206號3樓
電　　話／(02)8952-4078
傳　　真／(02)8952-4084
網　　址／www.elegantbooks.com.tw
電子信箱／elegant.books@msa.hinet.net

作者　　川本諭
攝影　　小松原 英介 (Moana co., ltd.)
　　　　川本諭, 月本 えり [P88-92]
插圖　　川本諭
設計・DTP　中山 正成 (APRIL FOOL Inc.)
編輯　　寺阪 曉 (MOSH books)、
　　　　松山 知世 (BNN, Inc.)
編輯協力　深澤 絵 (SATIE SUN co., ltd.)
協力　　ANTISTIC www.antistic.com
　　　　STAUB www.staub.jp
　　　　H.P.DECO www.hpdeco.com
　　　　H.P.DECO 好奇心の小部屋　橫浜
　　　　www.hpdeco.com

2013年12月初版一刷　定價450元

Deco Room with Plants 植物とつくる、自分らしいインテリアスタイル
©2013 Satoshi Kawamoto
Originally published in Japan in 2013 by BNN, Inc.
Complex Chinese translation rights arranged through Creek and River Co., Ltd.

經銷／高見文化行銷股份有限公司
地址／新北市樹林區佳園路二段70-1號
電話／0800-055-365　傳真／(02)2668-6220

Deliboy

来看看 Fan Fan 老師又有什麼新花樣！

雜貨×花草
共同譜出的美好樂章

從小開始接觸花花草草，已近二十個年頭的 Fan Fan 老師，除了深具花藝的技巧與美感，也結合手作與雜貨風格的元素，讓花草創作美好的融入居家生活中。

書中完整呈現 Fan Fan 偏愛的花材、初學者必看的基礎技巧、花器的搭配與呈現、不同風味的盆花與多款創意花束。還有 Fan Fan 授課時最受歡迎的人氣作品，充滿自然風格的多肉與乾燥花作品，都是家中角落最美的風景。

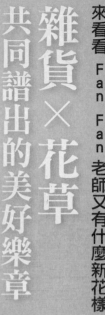

FanFan の新手花藝課
手作美好花時間
手作人の桌花 × 花束
多肉組合 × 乾燥花圈

施慎芳（FanFan）◎著
定價：350 元

清新雋永の
美麗花藝

以乾燥花藝
打造出風味獨特的難忘回憶

綠色穀倉的乾燥花美麗練習本

kristen◎著／定價：380元

製作乾燥花的手法並不難，但每種花材有其適合的作法，只要掌握原則，就可以盡享乾燥花藝的樂趣。Kristen 在書中運用了多種花材與果實，並創作出獨具風格的花圈與花飾，是不容錯過的乾燥花藝入門書。

TOOLS
Los Angeles
Tokyo